上海市工程建设规范

文 明 施 工 标 准

Standard for civilized construction

DG/TJ 08-2102-2019
J 12069-2019

主编单位:上海市建设安全协会
批准部门:上海市住房和城乡建设管理委员会
施行日期:2020 年 3 月 1 日

同济大学出版社

2020 上海

图书在版编目(CIP)数据

文明施工标准/上海市建设安全协会主编. --上海：
同济大学出版社,2020.3 (2020.4重印)
ISBN 978-7-5608-9116-3

Ⅰ.①文… Ⅱ.①上… Ⅲ.①建筑施工－文明施工－
标准－上海 Ⅳ.①TU7-65

中国版本图书馆 CIP 数据核字(2020)第 021079 号

文明施工标准

上海市建设安全协会　主编

策划编辑	张平官
责任编辑	朱　勇
责任校对	徐春莲
封面设计	陈益平

出版发行　同济大学出版社　www.tongjipress.com.cn
　　　　　(地址：上海市四平路1239号　邮编：200092　电话：021－65985622)

经　　销	全国各地新华书店
印　　刷	浦江求真印务有限公司
开　　本	889mm×1194mm　1/32
印　　张	2.5
字　　数	67000
版　　次	2020年3月第1版　2020年4月第3次印刷
书　　号	ISBN 978-7-5608-9116-3
定　　价	25.00 元

本书若有印装质量问题,请向本社发行部调换　　版权所有　侵权必究

上海市住房和城乡建设管理委员会文件

沪建标定〔2019〕838号

上海市住房和城乡建设管理委员会关于批准《文明施工标准》为上海市工程建设规范的通知

各有关单位：

由上海市建设安全协会主编的《文明施工标准》，经我委审核，现批准为上海市工程建设规范，统一编号为DG/TJ 08－2102－2019，自2020年3月1日起实施，原《文明施工规范》(DGJ 08－2102－2012)同时废止。

本规范由上海市住房和城乡建设管理委员会负责管理，上海市建设安全协会负责解释。

特此通知。

上海市住房和城乡建设管理委员会
二〇一九年十二月十六日

前 言

为了进一步加强上海市建设工程的文明施工管理,根据上海市住房和城乡建设管理委员会《2019年上海市工程建设规范编制计划(第二批)》要求,由上海市建设安全协会会同有关单位组成标准编制组,在征求各方意见的基础上,共同修订本标准。

本标准在上海市工程建设规范《文明施工规范》DGJ 08—2102—2012的基础上,依据《上海市建设工程文明施工管理规定》(市政府2019第23号令),结合上海市在文明工地创建活动中可借鉴、可推广、可复制的实践成果,以强化上海城市精细化管理、提升城市环境质量、补齐城市管理短板为目标,对标最高标准、最好水平,修订完成。

本标准共分为10章,主要内容有:总则;术语;边界设置;占路施工;临街防护;出入门及两侧设置;施工区域设置;办公区和生活区设置;环境保护;其他专业要求。

本次标准提升的主要内容有:

1. 扩大适用范围。增加了架空线入地及合杆整治工程等工程项目施工活动的文明施工管理;重点区域扩大至外环线以内及市人民政府确定的其他商旅、会展、景观等重要区域。

2. 提高设施要求。施工现场的安全设施及设备强调节能环保、牢固美观,达到标准化、定型化、工具化要求,可装配、可周转、可重复使用。

3. 实行人员特征识别。施工人员配戴的劳动防护用品具有明显的识别标识。施工单位应对进场人员进行实名制登记。

4. 加强信息化管理。建设工程参建各方应运用互联网+技术,提升施工现场安全文明管理的信息化、智能化水平。

各单位及相关人员在执行本标准过程中,如有意见和建议,可及时反馈至上海市建设安全协会（地址：上海市西藏南路1090弄2号楼；邮编：200011；E-mail：jsaqxh@163.com）及上海市建筑建材市场管理总站（地址：上海市小木桥路683弄2号楼；邮编：200032；E-mail：bzglk@zjw.sh.gov.cn），以供修订时参考。

主 编 单 位：上海市建设安全协会
参 编 单 位：上海市建设工程安全质量监督总站
　　　　　　上海市交通建设工程安全质量监督站
　　　　　　上海市水务建设工程安全质量监督中心站
　　　　　　上海市绿化和市容（林业）工程管理站
　　　　　　上海市房屋安全监察所
　　　　　　上海市住宅修缮工程质量事务中心
　　　　　　上海建工集团股份有限公司
　　　　　　上海隧道工程股份有限公司
　　　　　　中国建筑第八工程局有限公司
　　　　　　上海园林（集团）有限公司
　　　　　　上海市城市建设设计研究总院（集团）有限公司
主 要 起 草 人：毕炤伯　冯建强　陶为农　崔　勇　黄　晨
　　　　　　　周建军　周艺烽　李素霞　何国平　李文悦
　　　　　　　范凌豪　陆佳斌　王学士　汪阳春　谢宛平
参 与 起 草 人：张思宏　肖　楠　孙　进　司徒伊俐
　　　　　　　赵伟豪　徐克洋　孙广阔　王俊生　邱　晨
　　　　　　　袁晓宇　张　晛　时　剑　葛　钢　朱振清
　　　　　　　刘圣凯　邱建明　邵晓昺　窦　超　许　超
　　　　　　　陈作民　郭　戎　孙业龙　张强明
主 要 审 查 人：邱志青　吴今明　张　浪　朱毅敏　孙　巍
　　　　　　　钱寅泉　杜伟国

上海市建筑建材业市场管理总站
2019年12月

目 次

1 总 则 ·· 1
2 术 语 ·· 3
3 边界设置 ··· 6
   3.1 一般规定 ·· 6
   3.2 围挡设置 ·· 7
   3.3 定型化施工路栏设置 ·· 7
4 占路施工 ··· 9
5 临街防护 ··· 12
6 出入门及两侧设置 ·· 13
   6.1 出入门设置 ·· 13
   6.2 出入门内侧设置 ·· 13
   6.3 施工铭牌和施工许可告示牌设置 ···································· 14
7 施工区域设置 ··· 16
   7.1 一般规定 ·· 16
   7.2 脚手架设置 ·· 18
   7.3 安全网设置 ·· 19
   7.4 现场消防设置 ··· 19
   7.5 智能化设置 ·· 21
8 办公区和生活区设置 ··· 22
   8.1 一般规定 ·· 22
   8.2 办公区设置 ·· 23
   8.3 生活区设置 ·· 24
9 环境保护 ··· 26
   9.1 排放控制 ·· 26

9.2 垃圾处置	26
9.3 噪声控制	27
9.4 扬尘控制	28
9.5 光污染控制	29
9.6 其他污染控制	30
10 其他专业要求	31
10.1 拆除工程	31
10.2 修缮工程	32
10.3 园林绿化工程	32
10.4 架空线入地及合杆整治工程	33
10.5 水运工程	34
本标准用词说明	36
引用标准名录	37
条文说明	39

Contents

1 General provisions ·· 1
2 Terms ··· 3
3 Construction boundary setting ································ 6
   3.1 General requirement ·· 6
   3.2 Boundary enclosure setting ······························· 7
   3.3 Stylized barricade setting ································· 7
4 Occupying-road construction ···································· 9
5 Street protection ·· 12
6 Entrance-exit gate and both sides setting ················ 13
   6.1 Entrance-exit gate setting ································ 13
   6.2 Inside of entrance-exit gate setting ···················· 13
   6.3 Construction nameplate and permit board setting
   ·· 14
7 Construction area setting ·· 16
   7.1 General requirement ·· 16
   7.2 Scaffold setting ··· 18
   7.3 Safety net setting ·· 19
   7.4 Fire protection arrangement of field construction
   ·· 19
   7.5 Intelligent setting ·· 21
8 Office and living area setting ·································· 22
   8.1 General requirement ·· 22
   8.2 Office area setting ·· 23
   8.3 Living area setting ·· 24

9 Environmental protection 26
　9.1 Emission controlling 26
　9.2 Waste disposal 26
　9.3 Noise abatement 27
　9.4 Fugitive dust controlling 28
　9.5 Light pollution controlling 29
　9.6 Other pollution controlling 30
10 Other specialty requirement 31
　10.1 Demolition engineering 31
　10.2 Maintenance and repair engineering 32
　10.3 Landscape engineering 32
　10.4 Replace overhead lines to underground and the regulation of multi-function poles engineering 33
　10.5 Water transportation engineering 34
Explanation of wording in this code 36
List of quoted standards 37
Explanation of provisions 39

1 总 则

1.0.1 为响应城市精细化管理要求,对标最高标准、最好水平,提升上海城市环境质量,改善市民生活环境,本着"各履其职、各尽所能"的原则,依据文明施工相关法规,制定本标准。

1.0.2 本标准适用于本市行政区域内建设工程的新建、扩建、改建和既有建筑物、构筑物的拆除、修缮等施工活动的文明施工管理,以及因故中止施工的现场日常管理。不适用于应急抢险、应急救援工程的施工管理。

1.0.3 建设工程参建各方应确保安全生产、文明施工措施费用的投入和落实,实行专款专用。

1.0.4 施工现场安全防护文明施工设施应符合标准化、定型化、工具化、智能化要求,做到可周转、可重复使用,并满足环保、安全、美观要求。

1.0.5 施工现场应实行实名制管理,确保进场人员证件和证书的真实、齐全、有效。

1.0.6 进入施工现场的人员均应穿着具有反光标识的背心,夜间施工及市政道路施工的人员必须穿着具有反光标识的工作服,管理人员宜穿着具有企业标识的工作服。

1.0.7 现场安全帽宜实施颜色分类管理。项目管理人员为橙色,监理人员为白色,安全监督人员为蓝色,特种作业人员为红色,其他作业人员为黄色。

1.0.8 建设工程参建各方应在施工现场运用信息化、智能化技术,提升现场安全文明管理能力。

1.0.9 建设工程文明施工管理应建立应对公共卫生突发事件的防控体系。施工现场应成立由建设单位牵头的突发事件防控协调小组，编制疾病疫情、食物中毒等应急防控预案，明确岗位职责和应急处置流程，并落实专岗专人对接属地社区主管部门和疾控部门，同时向属地监督机构报备。

1.0.10 本市建设工程文明施工实施重点区域和一般区域差别化管理，重点区域管理标准应高于一般区域。

1.0.11 本市建设工程文明施工，除应符合本标准外，尚应符合国家和地方现行有关标准的规定。

2 术　语

2.0.1 文明施工　civilization construction
建设工程和建筑物、构筑物拆除等活动中，按照规定采取措施，保障施工现场作业环境、改善市容环境卫生和维护施工人员身体健康，并有效减少对周边环境影响的施工活动。

2.0.2 建设工程　civilized construction
本标准所称建设工程，是指土木工程、建筑工程、线性管道和设备安装工程、装饰工程、园林绿化工程等工程。

2.0.3 重点区域　key area
本市文明施工重点区域是指外环线以内区域和市人民政府确定的其他重要区域。市建设、交通等行政管理部门应根据人口密度、居住环境、景观要求等提出其他重点区域划分方案，报市人民政府批准。

2.0.4 实名制管理　real-name system administration
施工企业通过"上海市建设工程建筑工人实名制信息系统"，对管理人员和签订劳动合同的建筑工人进行个人信息采集、进退场登记，并进行建筑工人用工考勤、教育培训、考核奖惩等个人信息档案的用工管理。

2.0.5 突发公共卫生事件　public health emergency
突然发生，造成或者可能造成社会公众健康严重损害的重大传染病疫情、群体性不明原因疾病、重大食物和职业中毒以及其他严重影响公众健康的事件。

2.0.6 覆罩法施工　covering shrouding construction method
为降噪防尘和改善市容环境而使用钢结构或标准化产品覆罩在作业面上、使作业活动处于全封闭状态的施工。覆罩方式有固定式和移动式作业室(棚)。固定或移动的覆罩所使用的材料应符合可周转、可重复使用的要求,具有降噪防尘和阻燃功效。

2.0.7 钢板覆平法施工 steel plate covering and equalizing construction method

为保持道路通畅,在工程未完工时,用钢板或预制板材临时覆盖路面,并采取有效措施消除钢板与路面的不安全落差和降低振动噪声的施工作业方法。

2.0.8 噪声敏感建筑物 noise susceptibility building

根据《中华人民共和国环境噪声污染防治法》规定,指医院、学校、机关、科研单位、住宅等需要周边保持安静的建筑物。

2.0.9 箱式钢结构临时用房 box type steel structure temporary building

由标准集装箱或经专业设计的非标准钢结构箱体,单独或通过连接构件组成整体、具备完整使用功能的钢结构房屋。

2.0.10 施工扬尘 construction dust

在工程建设、房屋拆除、物料运输、物料堆放、植物栽种和道路养护等施工活动中产生对大气造成污染的粉尘颗粒物。

2.0.11 建筑垃圾 construction trash

是指在建设工程和建筑物、构筑物拆除等活动中产生的弃土、弃料和其他废弃物。

2.0.12 不透尘安全网布 impermeable safety net cloth

是指具有满足密闭施工要求的不透尘网布,开孔均匀、有遮盖功能,符合抗贯穿性、阻燃性和毒性控制相关标准和规定。

2.0.13 眩光 glare

由于视野中感觉亮度分布或范围的不适宜,或存在极端的对比,以致引起不舒适感觉或降低观察细部或目标的能力的视觉现象。

2.0.14 线性类工程 linear engineering

主要指施工占地形成条带状区域的工程。

2.0.15 架空线入地 replace overhead lines to underground

指将架设在城市道路上空的线缆，包括高（低）压输配电线路、信息传输线路等，改为地下敷设，并配套设置变配电设施、通信设施等，从而将空中线缆及地面杆架清除的施工活动。

2.0.16 合杆整治 the regulation of multi-function poles

指以道路照明灯杆为载体，将各类沿路标志标牌、交通指示牌、交通信号灯、监控探头及箱体等设施设备进行综合设置，通过配套敷设线缆，形成综合杆和综合箱，并清除原有立杆、箱体的施工活动。

3 边界设置

3.1 一般规定

3.1.1 建设工程施工现场边界应以不妨碍道路交通为原则,必须设置连续封闭的围护设施,必须保持围护设施完好、整洁,必须保持施工现场与外界的有效隔离。严禁无围护施工,严禁使用污损围护设施。

3.1.2 建设工程施工现场边界围挡高度应符合以下要求:

1 房屋建设工程、市政工程、交通建设工程、水务建设工程以及施工工期大于7d的其他非线性类工程,一般区域围挡高度不应低于2.0m,重点区域围挡高度不应低于2.5m。

2 管线工程、架空线入地和合杆整治工程,一般区域围挡高度不应低于1.8m,重点区域围挡高度不应低于2.0m。

3 线性水利工程、非全封闭的城市道路和公路工程、施工工期小于7d或者仅在夜间施工的其他工程,可以使用定型化施工路栏,高度不应低于1.2m。

4 其他工程的围挡高度一般区域内不应低于2.0m,重点区域内不应低于2.5m。

3.1.3 施工现场原有砌筑围墙的或在原围墙内进行施工的,可就地利用延伸作为施工围挡,并对围墙表面进行必要的清理或整修,保持完好、整洁。

3.1.4 围挡或路栏外侧严禁安放机械设备、堆放建材或其他杂物。严禁将围挡用作挡土墙或将各类设施设备作围挡支撑。

3.2 围挡设置

3.2.1 新建围挡应采用PVC板、金属板、预制构件等轻型硬质材料,应可周转、可拆卸、可重复使用,并满足硬度及耐燃性要求。禁止采用非绿色建材黏土类砖块材料。

3.2.2 围挡设置应满足抗御8级风力的要求。

3.2.3 围挡设置应挺直、整齐划一、清洁美观和无破损,外观应与周围环境协调。施工单位应定期对围挡进行养护、维修,保持完好、整洁和美观。

3.2.4 占用道路施工的围挡应在道路交叉路口视距5m范围内,设置满足挺直、刚度要求的金属网板围挡,确保路口围挡不遮挡车辆驾驶员和行人的视线。5m视距的围挡范围内严禁堆放各类物品。围挡前应设置交通导向标志。

3.2.5 围挡顶部禁止架设硬质广告牌、标识标牌等存在高空坠物风险的设施。

3.2.6 使用围挡的施工现场,出入口应分别设置车辆与人员出入门。

3.2.7 距离住宅、医院、学校等噪声敏感建筑物不足5m的施工现场,应设置具有降噪功能的隔音屏围挡。

3.3 定型化施工路栏设置

3.3.1 定型化施工路栏的设置,应连续封闭,施工路栏之间连接紧扣牢固,安放整齐划一、垂直平整,并保持整洁、无破损。定型化施工路栏板面应设置在路栏底座短边段的一侧位置,路栏板面应印制施工单位名称,禁止在施工现场使用与施工单位名称不相符的施工路栏。

3.3.2 定型化施工路栏应用金属型材和玻璃钢栏板制作,强度应满足抗御 6 级风力要求；金属架应涂刷黄黑色相间警示漆，圆形金属分隔撑档应粘贴反光膜；玻璃钢栏板为淡黄色。

3.3.3 在交通通行的道路上，需开启或提升窨井盖、涂装刷新、清洗施工、道路养护、隔离带绿化种植等占用道路进行作业时，其作业区边界应设置定型化施工路栏，夜间施工应设置警示灯。

4 占路施工

4.0.1 占路施工工程，应按规定在施工路段的两端或交叉路口设置交通管理部门规定的车辆禁行、限速、导流等警示标志；夜间应设置警示灯或具有夜间反光功能的警示设施。警示标志应顺车流方向从上游开始设置。

4.0.2 占路搭设防护棚架、防护架或脚手架时，应符合下列要求：

1 施工单位应在其搭设物的两端及通道醒目处设置安全通行、防火、限高、限宽或限速等警示标志。

2 标志的选用、制作和挂放应符合公安部门的相关规定。

3 占路搭设防护棚架、防护架或脚手架等，过道门洞的高度、宽度应满足车辆和行人通行的安全要求。

4 通道内棚架支撑中的横向或斜向杆件和物体超出支撑立面的长度不得大于0.2m。

4.0.3 占路施工时，对车辆和行人通行有影响的，应遵守公安和交通管理部门的相关规定，办妥审批手续，按规定设置临时通行道路，并符合下列要求：

1 在里弄、学校和沿路房屋前的出入处，应为沿线单位和居民的出行设置有临边安全围护的专用通道。

2 临时行人通道上不得有妨碍行人安全的障碍或空缺，临边一侧应设置不低于1.2m高度的安全围护，并有交通导向和安全警示牌，保障行人的安全通行。

3 临时通行道路遭受损坏影响到车辆和行人通行安全时，应及时组织维修，确保临时道路的路况满足交通通行的条件。

4 临时通行道路养护、维修作业应避让交通高峰时间，作业现场应设置明显、规范的道路施工标志,采取安全措施,保障车辆、行人安全。

5 管线工程施工应设置临时跨槽通道,通道宜采用钢板、型钢等材料制作,并确保安全、坚固、平整。通道表层应无坑洼、有防滑措施,相邻表层垂直落差不得大于 0.03m。

6 临时通行道路的通行和道路排水,不得低于原道路的通行和排水条件。

4.0.4 各类机动车辆在道路上实施移动作业时,作业车辆后部上方醒目处应悬挂采用 LED 显示的施工警示牌。施工单位应每天对各类标志和设施进行检查、清洁和维护。

4.0.5 占路工地在交通繁忙路段及路口,施工单位应派人或委托交通协管人员协助交通指挥,引导行人或车辆安全通行,确保路口畅通。

4.0.6 施工单位应与道路养护单位签订《道路养护协议》,在施工阶段应按原养护等级进行道路的养护工作;在施工完毕交付验收后,应清除障碍,消除安全隐患,其障碍和设施的撤除应从施工区的末端逆车流方向实施,确保撤除安全。

4.0.7 掘路施工机械、工具、材料及挖出的土方、旧料等的堆放、停靠,均不得妨碍车辆和行人通行以及其他设施的正常使用,并符合环保要求;未经相关部门批准,禁止在人行道上堆放施工用设备、工具或材料。

4.0.8 占用航道施工的水利、港口等工程应按规定实施申请和告示,设置明显的警戒区域,夜间设置警示灯,并派人员进行瞭望观察,防止船只或人员误入作业区域。临水侧应设置围挡。

4.0.9 道路管线等开挖施工应实行"开挖一路段、敷设一路段、修复一路段"的施工方法,不得跨越路段或全线同时开挖。

4.0.10 在道路上开挖沟坑或管线沟槽,当日不能修复且需要保障道路通行的,施工单位应采取钢板覆平路面措施,严禁沟坑(槽)裸露或钢板凸翘。覆盖钢板的厚度不应小于 0.03m,其沿边应实施打磨处理，无锐角和毛刺，确保通行安全。沟坑（槽）开挖宽度大于0.8m时，覆盖钢板下端应采用金属型材作支撑加固。

4.0.11 管线保护应满足下列要求：

1 实施地下管线施工应按有关规定办理施工许可和地下既有管线的现场交底手续，未获得施工许可和未办结交底手续的，不得实施施工作业。

2 施工单位在距离原有地下管线半径不大于1m范围内施工时，严禁采用机械开挖。在重要管线或管线复杂地段施工时，应开挖样沟、样洞，派专人监护，并通知相关管线管理单位到现场确认。

3 施工机械需在地下管线上行走作业时，应敷设厚度不小于0.03m的钢板，钢板铺设宽度应大于管线铺设及开挖范围，确保地下管线安全。

4 施工单位在施工前应编制地下管线保护应急预案，并配备必需的抢险设备和物资。施工中遇有特殊情况或发生管线损坏事故，施工单位不得擅自处理，应及时报告有关部门，并启动应急响应程序，配合做好抢修工作。

5 临街防护

5.0.1 工地施工遇有下列情况之一时,应设置防护棚架:
　　1 施工立面紧邻街坊、人行通道或车行通道。
　　2 搭设的脚手架需要占用人行通道或车行通道。
　　3 在塔机起重臂旋转半径范围以内的人、车通道上方。

5.0.2 防护棚架搭设选用的材料应按本标准中脚手架设置要求执行。防护棚架的立杆不得妨碍人、车通行。

5.0.3 用于行人通行的防护棚架离地净空高度不应低于2.5m,用于车辆通行的防护棚架离地净空高度不应低于5.0m。棚顶应设置两层,两层棚顶之间的间隔高度应不小于0.8m;棚顶应选用不漏尘、符合抗冲击强度的板材予以全覆盖,确保无粉尘飘散和杂物坠落。

5.0.4 防护棚架搭设需要局部占用人行通道、车行通道的,其防护棚架立杆应在离地高度2m及以下部位用板材作全封闭,外露板面应确保挺直、平整、光滑,并涂刷警示漆,并应在防护棚架上设置限高、限速、限宽等警示标志。

5.0.5 塔机起重臂超越围挡的,应设置机械限位控制,限制小车和吊钩伸出围挡。

5.0.6 工程围挡紧邻人行通道或车行通道的外立面,施工单位应在该道路上方搭建安全防护棚,并设置必要的警示和引导标志。标志应安装稳固、文字醒目,材质应满足刚度要求,观感效果好。

5.0.7 因工程建设施工需要,对道路实施全封闭、部分封闭或者减少车行通道,影响行人出行安全的,施工单位应设置安全通道;临时占用施工工地以外的道路或者场地的,施工单位应设置围挡予以封闭。

6 出入门及两侧设置

6.1 出入门设置

6.1.1 使用围挡的施工工地或异地安置办公(生活)区的应设置出入门,出入门应采用平移或向内开启方式。工地应设置至少2处大门,工地出入门应人车分流,主门宽度应不小于5.0m,副门宽度应不小于2.0m,用全封闭金属材质制作,其上边沿应和围挡顶部保持平齐。

6.1.2 出入门外侧的大门应署明具有企业特色的单位名称及标识。应保持大门清洁、无锈痕、无破损和开启无障碍。

6.1.3 使用定型化施工路栏的占路施工工地,其出入口应设置在施工路段的两端,并使用定型化施工路栏作为移动式出入门,严禁在道路通行的一侧设置出入口。

6.2 出入门内侧设置

6.2.1 出入门内侧应设置门卫室,其总面积不宜小于$4m^2$,应配备办公桌椅,悬挂管理制度,建立来(访)客登记台账和车辆进出登记台账。线性类工程的门卫室可定点设置。

6.2.2 出入门内侧门卫室应设置视频监控设备,应确保24h有效工作,并保存视频的日常监控记录。门卫室临近通行道路的,应在门墩上方设置警示灯。

6.2.3 出入门内侧或办公区应设置旗杆,旗杆设置不少于3根且为奇数,材质使用防锈蚀金属材料。居中的旗杆为国旗专用旗杆,应高于其他旗杆0.5m。旗杆基础应设置坚固的旗台,并设置旗杆防护设施。

6.2.4 出入门内侧应规范设置"五牌一图",具体内容有:工程概况牌、管理人员名单及监督电话牌、消防保卫(防火责任)牌、安全生产牌、文明施工牌和施工现场平面图。各图牌高度为1.2m、宽度为0.8m,下沿离地高度为0.8m。

6.2.5 "五牌一图"的图牌框架及其支撑构件均应采用防锈蚀的金属材料制作,并确保图牌稳定和牢固,图牌应连续排列。图牌规格统一、位置合理、字迹端正、线条清晰、表示明确,并固定在现场内主要进口处。

6.2.6 施工现场出入口应设置固定或移动式车辆自动冲洗装置及配套的排水设施,并建立冲洗台账,由专人进行负责。

6.3 施工铭牌和施工许可告示牌设置

6.3.1 施工现场应设置施工铭牌。施工铭牌应设置在围挡外。施工铭牌可分为固定式和移动式,具体应满足以下要求:

 1 设置围挡的工地,在其出入门一侧的围挡外固定设置施工铭牌。铭牌横向距离门墩1.0m,外径高度1.2m,宽度1.8m,边宽宜为0.03m。铭牌底色应为白色,边框和文字颜色应使用深红色,文字横向书写。

 2 设置路栏的工地,可设置移动式施工铭牌。铭牌外径高度0.8m,宽度1.0m,边宽宜为0.03m。铭牌底色应为白色,边框和文字颜色应使用深红色,文字横向书写,其支撑体系为直立式金属构架。

6.3.2 施工铭牌应标明下列内容:工程名称、建设地址、建设单位、监理单位、总包单位、工程类型、建设面积(规模、造价)、开/竣工日期、设计单位、受监单位及监督电话、项目经理姓名及手机、文明施工专管员姓名及手机等。

6.3.3 施工现场应在围挡外侧醒目位置设置施工许可告示牌。

施工许可告示牌设置可分为固定式和移动式,宜选用固定式。固定式高度1.2m、宽度1.8m,移动式高度0.8m、宽度1.0m,边宽宜为0.03m。

6.3.4 施工许可告示牌内容应包括:施工许可告示、渣土告示、夜间施工告示、维权监督电话、文明施工承诺、扬尘控制措施、项目经理姓名及手机、接待电话、投诉电话等。

6.3.5 企业设置的广告牌或宣传牌应设计稳固、安装牢固,其材质及刚度应满足抗御8级风力的要求。严禁在结构顶部、围挡顶部及塔机机身和平衡臂、井架等易坠物的场所安装广告牌或宣传牌。

7 施工区域设置

7.1 一般规定

7.1.1 施工单位应配备专职文明施工管理人员，负责监督落实施工现场文明施工的各项措施。

7.1.2 施工现场、办公区和生活区的道路及场地，应事先进行现场平面布置的总体设计，确定各区域的边界和相对平面标高及排水设施，并在实地进行放样和组织实施。

7.1.3 施工现场、办公区和生活区的道路及场地应作硬化处理。场内硬地坪应保持平整。凡各类场地未按规定实施硬化处理的，不得施工。施工现场内人员通道宜与永久性道路结合，宜使用钢板（箱板）或混凝土构件等可重复使用的材料作硬化处理；使用混凝土浇捣硬化的，其混凝土厚度及强度应满足荷载要求。

7.1.4 用作车辆通行的临时道路应满足车辆行驶和荷载要求。工地出入门门口的混凝土厚度不应小于0.2m，宽度不应小于门墩与门墩外径距离。

7.1.5 设置围挡的工地（拆除工程、线性类工程除外），应设置具有三级沉淀功能的沉淀池，并满足以下要求：

 1 沉淀池底板应使用商品混凝土。沉淀池的外径尺寸及设置数量应依据工程规模进行设计，并满足排水量需要。

 2 设置围挡的占路工地，其沉淀池设置的外径尺寸可适当减小，但应满足排水量需要。

 3 沉淀池四周应设置围挡，沉淀池表面应使用金属网片覆盖。

 4 沉淀池应与工地排水系统和市政管网连接。

5 沉淀池中,第一级废水进入池的容量应占总容量的30%,第二级沉淀过滤池的容量应占总容量的20%,第三级清水循环利用(或清水排放)池的容量应占总容量的50%。隔离壁的溢水口和第三级清水排放口的溢水线高度应与排水管槽中心线的高度相等(第二级或第三级使用水泵的除外),清水排放口排水管应与市政排水管相连接。

7.1.6 重点区域内施工现场设置的沉淀池,应安装循环水利用动力装置,凡冲洗车辆、路面用水,应使用沉淀池清水。一般区域施工现场参照执行。

7.1.7 楼层临边、基坑临边、超过0.5m²的洞口临边、楼梯栏杆、通道栏杆、电梯井口、施工升降机楼层出入口等部位,应使用标准化、定型化的防护设施。高层施工的安全防护设施应满足风荷载、安全性及易拆装等要求。深基坑或桥梁、高架施工的上下通道或登高设施,应安装符合安全要求的梯笼、坡道或金属爬梯。

7.1.8 现场材料应按场地布置图堆放,堆放应整齐、有序、安全。每垛高度不得大于1.5m。大型玻璃、PC构件、大型管材的堆放应设置堆放架,架体应使用定型化产品,并进行围挡和安全警示标识,按构件种类及最大重量进行设计和计算,确保架体和构件的稳固。

7.1.9 施工现场应设置安全通道,实施人车分流。在坠物危险区域应张设安全平网,高层施工应设置硬隔离设施。建筑物、架体等出入口及安全通道应搭设具有防坠物和灰尘的双层隔离棚,搭设后应组织验收。危险性较大的分部分项工程作业应按规定设置警戒区域。

7.1.10 安全防护棚的首层棚顶及两端和沿边口,应选用耐腐蚀的板材予以全封闭。板材封闭应设置牢固,并涂刷保护材料,其外露板面宜涂刷警示漆。

7.1.11 施工现场应设置饮水棚室,并配置加锁的密封式茶水桶。饮水棚室和茶水桶应落实专人管理,茶水工应持有效健康证上岗,保持日常清洁卫生。不得使用公共饮水杯。现场宜安装直饮机,供应直饮水,并做好设备清洗维护工作。

7.1.12 施工现场应按规定设置临时厕所。高层施工应在楼层中设置可清洗的临时厕所。

7.2 脚手架设置

7.2.1 凡高度大于2m的临空作业面,应搭设和使用施工脚手架。重点区域的房建工程,外脚手架宜使用承插式盘扣脚手架。不得以脚手架立杆替代围挡支撑。

7.2.2 脚手架的立杆、顶撑、横杆、斜撑等各类杆件、扣件,应选用金属管材、金属扣件配套搭设。室外脚手架宜使用承插式盘扣脚手架等工具式架体。高压电线危险距离内禁止使用金属脚手架。

7.2.3 不同类型和规格的脚手架不得混合搭设(外电防护等特殊情况除外),脚手架上所有杆件颜色应统一为黄色或银灰色,并有防锈措施。

7.2.4 脚手架、施工通道底板应采用阻燃或金属材料。

7.2.5 外脚手架的首层或最底层底板应选用阻燃、不漏尘的板材铺设,邻墙通道底板边沿与墙面的间隙、通道底板的缝隙应不大于0.1m。提升式锚固型脚手架底层的通道底板应设置可折叠的翻板,架体底层通道底板在升降和正常使用时,与墙面间隙应不大于0.1m。

7.2.6 移动操作平台宜采用符合刚度要求的定型化产品拼接,或采用登高车、屈臂车、剪刀车等设备。

7.2.7 卸料平台、移动登高架、钢筋加工棚应采用定型化构件拼接而成,按专项施工方案搭设,结构应安全、可靠。

7.3 安全网设置

7.3.1 各类脚手架或外露性临边防护构架的外立面,应使用密目式安全网或不透尘安全网布封闭围护或包裹,并应符合下列规定:

　　1 使用密目式安全网应符合抗贯穿性、阻燃性相关标准和规定。

　　2 使用不透尘安全网布应符合抗贯穿性、阻燃性、光反射控制、毒性控制、抗风荷载强度等相关标准和规定。

7.3.2 使用密目式安全网或不透尘安全网布作封闭时,应严密、牢固、平整、美观,其封闭高度应高出作业面1.5m。

7.3.3 框架结构、高层建筑各层面外露性临边防护构架的外侧及高架道路、桥梁工程的作业面所涉及的脚手架外侧临边,应使用不透尘安全网布实施包裹。

7.3.4 施工单位应负责对密目式安全网或不透尘安全网布定期进行检查、清洗、维修或更换,重点区域每季不少于1次、一般区域半年不少于1次,确保其整洁、无破损,并应满足下列要求:

　　1 实施拆下清洗时,施工单位在拆下污损网或网布过程中,应同步安装相同的网或网布,确保脚手架始终满足封闭要求,并做好清洗和更换记录。

　　2 文明施工专管员应牵头组织进行检查,并做好检查记录。

7.3.5 严禁使用彩条布以及其他不符合强度、阻燃性能要求的塑制材料作为施工工程外立面围护、围挡、材料覆盖、产品保护等。

7.4 现场消防设置

7.4.1 施工现场应明确设置动火作业区、竹木材料堆放区、木工房及氧气瓶、乙炔气瓶库房等易燃易爆材料仓库,宿舍、食堂厨房、仓库等均应配备相应的、有效的消防器材。

7.4.2 施工现场应设置禁烟禁火标志,并配置足够有效的灭火器材。灭火器材应按下列要求设置:

  1 土建结构阶段,每层100m^2应设置1组(2具)灭火器材。

  2 装饰修缮阶段,每层50m^2应设置1组(2具)灭火器材。

  3 其他工程施工应按相关规定设置灭火器材。

7.4.3 六层以上施工应落实高层施工作业区临时消防水源,并保持随作业层提升。

7.4.4 施工现场应设置固定吸烟点并配备灭火器材,严禁现场人员随处吸烟、流动吸烟或在易燃易爆场所内吸烟。应认真做好易燃易爆、危险物品的堆放、发放、使用和清理工作。

7.4.5 氧气瓶、乙炔气瓶、油漆稀料等危险品仓库应设置在生活区和办公区25m之外。氧气瓶、乙炔气瓶库房的间距应符合相关规定。在建建筑物内严禁设置易燃易爆危险物品仓库和使用液化石油气。

7.4.6 进行焊接、切割作业应执行动火审批制度,并应符合下列要求:

  1 焊接、切割作业人员应持证上岗,动火作业须办理"动火作业许可证",配置监护人员,明确作业前、中、后巡查的基本要求,配置灭火器材,并对动火作业区域进行动态巡查监督。

  2 作业时,应事先清除周边的可燃物,明确专人监管,设置明火遮蔽设施。

  3 电、气焊和切割作业,距氧气瓶、乙炔气瓶、油类等危险物品及其他易燃材料不应小于10m,距易爆物品不应小于20m。气瓶间的使用或存储距离应满足相关规定要求。

  4 焊割点周围和下方应采用非燃烧材料的隔板遮盖,在操作部位的下方设置火星接收盘,防止火星喷溅,并应指定专人现场监护及配备灭火器材。

7.5 智能化设置

7.5.1 施工单位和项目部应在施工现场实施信息化、智能化管理。

7.5.2 在施工现场出入口、主要危险性较大的分部分项工程的作业区、渣土车辆冲洗点等重点部位，应设置建设工程远程视频监控设备。现场影像存储设备须支持存储至少 30d 视频内容。只在夜间施工或线性类工程可依据现场实际决定。

7.5.3 对进场人员应进行实名制登记，证件、证书真实齐全，并上网点击登录信息；运用互联网＋技术，对建筑工人进行安全教育、作业考勤、工资发放等。

7.5.4 人员出入门应设置门禁装置和身份识别系统，并与施工现场管理人员、劳务人员实名制管理相关联。有条件的宜设置人脸识别系统。

7.5.5 施工现场如设置 2 台及以上塔机，其起重臂旋转半径内会形成相互碰撞的，应安装具有远程监控功能的智能化防碰撞自控装置。

8 办公区和生活区设置

8.1 一般规定

8.1.1 新搭建的现场办公区临时设施应使用箱式钢结构临时用房,并应符合现行上海市工程建设规范《临时性建(构)筑物应用技术规程》DGJ 08-114 的要求。生活区临时设施宜使用符合规范要求的箱式钢结构临时用房。

8.1.2 临时用房应满足以下要求:

　　1 板壁采用金属夹心板材,其芯材的燃烧性能等级应为 A 级,其高度应符合相关规定。

　　2 宿舍、办公用房、发电机房、变配电房、厨房操作间、锅炉房、可燃材料库房及易燃易爆危险品库房的建筑构件的燃烧性能等级应为 A 级。

　　3 临时用房应满足牢固、美观、保温、防火等要求。

　　4 临时用房搭设完工后,应按规定验收合格后投入使用。

8.1.3 办公区和生活区设置的厕所,应同步设置符合专项标准的化粪池,厕所排污管道应连接化粪池,并按规定委托相关环卫单位定时清理化粪池。严禁将厕所冲洗物直接排入市政污水管道、河道或土坑内。

8.1.4 厕所应按规定搭建,满足通风和采光要求,配置照明电器。厕所内应安装节能型冲水设备,保证水量供应;厕所蹲位不应小于 $1m^2$/人,蹲位之间应设置高度不小于 1.2m 的隔墙或隔板。

8.1.5 厕所内墙面应铺设面砖,高度不小于 1.5m(箱式房除外),便池、便槽饰面应采用面砖或金属板等材料,饰面高度不小于1.5m。

8.1.6 办公区和生活区应定期保养维护，保持清洁卫生，厕所应由专人负责冲洗和消毒。

8.1.7 办公区和生活区内除每层办公室或宿舍楼面两端应各安置1组（2具）灭火器材外，其他场所的消防设施安置均应符合《上海市消防条例》规定。在办公区和生活区距离办公室或宿舍25m内，严禁安置易燃易爆危险品仓库和加工作业房。

8.2 办公区设置

8.2.1 工地内设置办公区的，应与施工作业区明显分隔。分隔围挡可采用板材、栏栅、网板等坚固、美观的材料，设置高度为1.8m。

8.2.2 办公区应明确参建单位、相关部门的办公场所，在办公室门框上应挂置名称标牌，标牌要求美观、大方，标牌外径尺寸宜长0.3m、宽0.1m，字体应符合国家要求。

8.2.3 办公区临时用电、用水应独立设置计量表，与施工现场分开供应、分别计量。

8.2.4 办公区应设置办公室、会议室、医务室、居民投诉接待室。办公区应设置饮水点、盥洗池、密闭式垃圾容器等生活设施。

8.2.5 施工现场宜设置医务室，医务室应配备药箱、担架等急救器材和止血药等常用急救药品。大型工程办公区宜设置传染病隔离室。

8.2.6 现场医务人员或急救人员应经卫生管理部门考核合格持证上岗，做好对职工的健康教育和防病知识宣传，加强对传染病防治和饮食卫生的督促检查。

8.3 生活区设置

8.3.1 在生活区设置食堂的,应遵守食品卫生管理的有关规定。

8.3.2 食堂设置应满足下列要求:

　　1 食堂应设置独立备餐间、二次更衣室,并安装纱门、纱窗。

　　2 食堂应设置蔬菜、水产、禽肉、餐用具清洗池,另设工具清洗池一只。

8.3.3 食堂厨房制作台、灶台、备餐台面应采用不锈钢材质;厨房间和备餐间周边墙面应铺贴面砖,面砖高度不小于2m,地面应作防滑处理,并设置良好的排水系统。

8.3.4 食堂应设置隔油池,隔油池盖板宜用钢板制作。隔油池内径尺寸不应小于1.5m(长)×0.4m(宽)×0.8m(深),隔油池内应分隔成三仓,第一仓的分隔壁底部向上0.5m处、第二仓的分隔壁底部向上0.3m处、第三仓外侧面底部向上0.2m处安装直径0.1m的管道,并与市政污水管道连接。

8.3.5 宿舍安排应禁止以下行为:

　　1 在建筑物的地下室安排人员住宿。

　　2 非本工地工作人员在施工工地内的宿舍住宿。

　　3 在未竣工的建筑物内设置员工宿舍。

　　4 宿舍内设置通铺。

8.3.6 宿舍区域内应保持环境整洁清净、道路畅通,并应在职工宿舍区域配置晾晒衣物的场所和设施。

8.3.7 宿舍室内净高度不应小于2.7m。重点区域内,人均居住面积不应小于$5.0m^2$;一般区域内,人均居住面积不应小于$4.0m^2$。

8.3.8 宿舍内应设置"住宿人员一览表"。应每人配置一张标准单人床、一个储物柜和生活用品专柜。在宿舍内配置桌凳、脸盆架、清扫工具、电灯(节能灯)等必要的生活设施,并配置电扇或空调等降温保暖设备。在宿舍内禁止私拉电线、私接插座、使用大功率电器设备。

8.3.9 浴室应设置满足照明和热水供应的安全电器,应合理利用太阳能或其他可再生能源。照明灯具应符合防水或防爆要求。浴室内更衣间应设置衣架或衣柜,应设置长凳;地面应有防滑措施。

9 环境保护

9.1 排放控制

9.1.1 施工现场、办公区和生活区应设置良好的排水系统并列入临时设施的设计方案,排水系统应确保雨污水分流、疏通便利和排水畅通,确保场地无积水。施工现场围挡内侧、基坑四周、主要交通道路两侧、脚手架基础四周、塔吊基础四周均应设置排水槽并连通工地排水系统。

9.1.2 施工单位应落实人员,对管槽、窨井、集水井和沉淀池内的存积物进行清理;重点区域每10d清理1次,一般区域每30d清理1次。施工单位的文明施工管理员应定时检查督促。严禁将泥浆或泥浆水直接排入城市管网和河道。

9.1.3 施工现场应设置冲洗系统,并应符合下列要求:
    1 对驶出工地的车辆应采用电动冲洗设备实施全面冲洗,宜安装远程监控系统,并对驶出工地车辆的冲洗情况进行日常监控和记录。
    2 冲洗排水槽底应有3‰~5‰的向三级沉淀池内排水的倾斜坡度,应确保冲洗水经排水槽回流入三级沉淀池内,形成冲洗水循环使用。

9.1.4 工地设置的沉淀池应安装循环水利用动力装置,凡冲洗车辆、路面用水,应循环使用沉淀池清水。

9.2 垃圾处置

9.2.1 施工现场产生的各类垃圾应由专人指导管理,委托专业回收单位进行清运,不得擅自倾倒或排放。

9.2.2 应按上海市生活垃圾分类相关要求设置生活垃圾分类收集容器,对生活垃圾进行分类投放、分类驳运。

9.2.3 应按要求对施工现场的建筑垃圾进行分类。建筑垃圾不得混入生活垃圾和危险废弃物。应选择取得建筑垃圾运输处置证的单位进行建筑垃圾运输。

9.2.4 拆除工程的建筑垃圾应按规定就地或送至指定地点进行分类,根据不同类别及时进行规范处置,旧材料宜回收再利用。48h内不能及时清运的,应采取洒水及覆盖等抑尘措施。

9.2.5 施工现场实施建筑垃圾装运时,车辆装载高度不得超过运输车辆箱体上沿口,并应密闭运输;严禁运输车辆未经冲洗或车辆带泥、挂泥驶出工地。

9.3 噪声控制

9.3.1 施工现场或施工作业点距离住宅、医院、学校等噪声敏感建筑物小于5m时,应采取增高围挡或在围挡上设置隔声屏障等降噪措施,并重新进行抗风计算,满足抗风要求,确保屏障设置结实、牢固。

9.3.2 禁止未经审批或备案的夜间施工。获准夜间施工许可后,施工单位应在"施工许可告示栏"内张贴告示,并书面告知施工所在地居(村)委会。

9.3.3 夜间施工严禁进行捶打、敲击和锯割等易产生高噪声的作业,对确需使用易产生噪声的机具应采取有效降噪措施。装卸材料应轻卸轻放。除抢修抢险施工、关系安全质量的深基坑开挖施工、不能中断的混凝土浇捣等特殊工序施工、避免白天交通影响而实施的夜间管线施工的工地外,禁止夜间施工。

9.3.4 高考、中考期间(除抢修抢险外)距离住宅和考场小于100m的施工工地,施工单位应合理安排施工工序,主动避免在此期间实施桩基、基坑开挖和连续浇捣混凝土等施工,并应遵守暂停施工的相关规定。

9.3.5 夜间施工,在离噪声敏感建筑物10m半径内边界处噪声源应小于55dB,10m半径外边界处噪声源应小于60dB。

9.3.6 重点区域拆除建(构)筑物时,破损混凝土构件、基坑混凝土支撑,应采用低噪声、低振动设备和工艺实施拆除或切割等作业。实施拆除作业和建材、设备、工具、模具传运堆放作业时,严禁高空抛掷和重摔重放。

9.3.7 木加工、切割加工及其他高噪声加工作业的房舍,其四周均应实施封闭,并应按规范设置门、窗。

9.3.8 在噪声集中场所工作的人员应配备耳塞等防护用品。

9.3.9 施工现场应采用低噪声的工艺技术、设施设备,减少对周边环境的影响。

9.3.10 重点区域进行破损、挖掘硬质路面作业时,应采用移动式覆罩法;各类路面破损机械必须置于降噪防尘移动作业室内操作,路面破损动力设备应采取降噪措施。

9.3.11 重点区域进行轨道交通站点、隧道工作井及风井等施工的,应实施覆罩法施工,空间条件无法达到的除外。

9.4 扬尘控制

9.4.1 施工现场应按规定安装扬尘在线监测系统,并确保数据的真实、有效。

9.4.2 施工现场应在围墙上安装喷雾降尘装置,在空气重污染预警启动或扬尘作业时及时开启。

9.4.3 严禁各类工地高空抛撒建筑垃圾和高空抖尘。

9.4.4 在施工现场严禁露天敞开堆放易扬尘建材;在施工现场切割、加工易扬尘建材时,应采取有效的防尘措施。现场使用筒仓等易扬材料的场所及现场预制砂浆搅拌场所,应实施全封闭作业。严禁在施工现场进行敞开式搅拌砂浆、混凝土作业和敞开式易扬尘加工作业。

9.4.5 拆除建(构)筑物、清除建筑垃圾、刨铲破旧路面作业时，应对作业面采用高压喷射水雾或喷淋等抑尘方式实施扬尘控制。人工拆除作业应落实围挡封闭措施，并在确保房屋结构稳固及作业人员安全的前提下，提前48h采取洒水除尘作业。风力大于5级时应停止室外建(构)筑物拆除和清除作业。土方开挖等易扬尘作业时，应就近设置移动式抑尘装置。

9.4.6 施工现场的裸露地面，应及时采取简易绿化、防尘网、防尘膜、喷雾保湿等措施。工地内留用的渣土、场地内的裸土、绿化种植土等应采取播撒草籽简易绿化、覆罩防尘纱网或新型固封工艺等降尘措施。开挖管线的出土应日出日清。建筑渣土24h内不能清运完毕的及土方工程24h内不进行绿化种植的应采取遮盖措施。

9.4.7 门前责任区及工地内场应由专人负责清扫，清扫前应先实施机械喷洒或人工洒水，并应保持排水沟排水畅通，避免路面积水。

9.4.8 实施砌筑、粉刷、混凝土浇捣等需要采用混凝土或砂浆作业的，必须使用商品混凝土和商品预拌砂浆。

9.4.9 施工工地禁止使用无控尘措施的中小型粉碎、切割、锯刨等机械设备。

9.4.10 对建(构)筑物实施爆破拆除时，应制定扬尘控制方案，明确扬尘控制措施，并报公安、消防和相关主管部门批准。未经批准的，不得实施爆破拆除施工。

9.5 光污染控制

9.5.1 施工现场内的灯光或电焊弧光不得直射行人和车辆通行道路。禁止施工现场夜间照明灯光、电焊弧光直射敏感建筑物。

因施工设施设备遮挡路灯照明时,应在受影响的一侧增设照明灯。

9.5.2 施工现场设置的强光照明灯应配有防眩光罩,照明光束应俯射施工作业面。进行电焊作业时,应采取有效的弧光遮蔽措施。

9.5.3 施工现场照明宜使用太阳能供电、LED等节能灯具。照明灯灯架应使用定型化的金属材料制作,拆装方便,并确保安全、坚固。

9.5.4 施工现场地面夜间照明灯光照射的水平面应下斜,下斜角度不应小于20°。各楼层施工作业面照明,其灯光照射的水平面下斜角度不应小于30°。

9.6 其他污染控制

9.6.1 实施建(构)筑物外立面清洗作业时,禁止使用强腐蚀性的清洗液体。清洗作业影响行人通行时,应使用定型化施工路栏连续设置警示区域,张贴行人通行的指示标志,避免清洗液体洒落至行人。

9.6.2 施工现场不得熔融沥青和焚烧易产生有毒有害气体的杂物。食堂禁止使用散煤、型煤、焦炭、木料及其他非清洁能源。

9.6.3 施工现场应设置废油、油污废弃物收集处,统一回收机械设备维修、保养形成的废油、油污废弃物,并应按规定清理、收集、处置。

10 其他专业要求

10.1 拆除工程

10.1.1 拆除工程应在其拆除区域的外围边界设置封闭围挡，围挡高度应符合下列要求：

　　1 单体建（构）筑物拆除的，应在其单体建（构）筑物的外围设置封闭围挡。

　　2 征收基地的拆除工程，应根据动迁进度和拆除施工相关规范规定，具备设置围挡封闭条件的，应在其外围设置封闭围挡；凡实施作业的区域应设置封闭围挡。

　　3 商业繁华区域、人口密集区域的拆除工程，其围挡设置，按照重点区域拆除工程的围挡要求执行。

　　4 涉及征收基地的拆除工程，在设置围挡时不得影响未搬迁居民的日常生活。

10.1.2 拆除存放危险品或污染物的建（构）筑物，建设单位应在开工前按规定进行申报、处置。

10.1.3 房屋拆除的噪声和扬尘控制应符合下列要求：

　　1 拆除面积在 $5000m^2$ 至 $10000m^2$ 的工程，设置 1 个扬尘在线监测系统。

　　2 拆除面积在 $10000m^2$ 至 $20000m^2$ 的工程，设置 2 个扬尘在线监测系统。

　　3 拆除面积大于 $20000m^2$ 或工地周边有敏感建筑的拆房、拆违工地，应根据现场情况适当按比例加装扬尘在线监测系统。

10.1.4 拆除工程施工现场宜采取节水措施，设置废水回收、循环再利用设施，对雨水进行收集利用。拆除工程施工时，应保证施工现场排水畅通,施工企业应保护原排水系统,避免场地积水;应设置满足排水需要的标准水井或简易集水井。

10.1.5 采用切割拆除作业的拆除工程,不得直接将废水排放至雨污水管道。应对建筑物各楼层洞口、临边进行封堵,底层设置满足工程需要的三级沉淀池。

10.2 修缮工程

10.2.1 修缮工程宜采用不燃材料搭设脚手架。住宅修缮工程因特殊原因,确需搭设竹脚手架的,应编制专项方案,并经专家评审后方可使用。

10.2.2 脚手架搭设不应影响原有安全疏散和消防通道,并按脚手架验收标准组织验收后使用。

10.3 园林绿化工程

10.3.1 绿化工程扬尘控制应符合以下要求:
  1 绿化面积在 2 万 hm^2 以下的单独立项公共绿化工程,应设置 1 个扬尘在线监测系统。
  2 每增加 2 万 hm^2,应增加设置 1 个扬尘在线监测系统。

10.3.2 种植场地和种植土严禁使用含有有害成分的土壤和带有严重病虫害的植物材料,非检疫对象的病虫害程度或危害痕迹不得超过树体的 5%。

10.3.3 植物修剪应充分考虑架空线、输变电设备、交通信号灯、住宅等所处的位置,安全距离应符合《上海市绿化条例》和本市有关植物种植技术规范的规定。

10.3.4 植保作业喷施药剂必须提前张贴告示,或通过相关媒体、街道通知等形式,明确告知周边人群做好防护。作业现场应设置警示牌和警戒线等警示标志,作业人员做好自身防护。

10.3.5 园林植物病虫害防治,应采用生物防治方法和生物农药及高效低毒农药,严禁使用剧毒农药。水生湿生植物的病虫害防治应采用生物和物理防治方法,严禁药物污染水源。用于园林植物病虫害防治的相关药品和洒水设备、工具,应妥善存放、专人专管。

10.3.6 植物养护浇灌水应符合现行国家标准《农田灌溉水质标准》GB 5084 的规定,严禁使用高压水浇灌、漫水浇灌。

10.3.7 石材切割、土壤搬运、翻耕和改良作业时,应进行洒水作业,控制扬尘。行道树树穴应进行技术覆盖,控制扬尘。

10.3.8 园林绿化施工、养护作业活动中产生的植物废弃物,应采取有关措施处理后资源再利用。

10.3.9 沿口、桥柱绿化养护作业时,应提前与交管部门沟通,必要时实施交通管制,安全设施必须配备到位。沿口花箱修剪、浇水作业应避免影响行人、车辆。

10.3.10 在车行道上进行园林绿化施工作业应注意避让交通高峰时间,作业现场必须设置安全作业区域,并设置警示牌。现场作业的机动车应停在安全区域内,并打开双跳灯。

10.4 架空线入地及合杆整治工程

10.4.1 架空线入地及合杆整治工程的施工工期,应严格按照"施工许可证"规定执行。

10.4.2 占路施工应采用分段施工方式,即"开挖一路段、施工一路段、修复一路段、开放一路段"。工程竣工后,应加快道路修复,还路于民。

10.4.3 施工期间,各施工单位之间实施上下道工序施工更替的,上道工序完工的施工单位禁止在下道工序施工单位接替更换前,提前撤除围护设施、各类警示标志。施工现场未经验收移交前,不得撤除围护设施、施工铭牌和各类警示标志。

10.4.4 架空线入地及合杆整治工程应设置文明施工专管员。文明施工专管员应每天对工地的文明施工情况进行检查,并做好检查记录。

10.4.5 架空线入地及合杆整治工程的施工人员应身着各自专业单位统一制服,并保持整洁。

10.4.6 每天应定时对工地内外场地进行清扫。清扫由专人负责,应在喷洒水后进行,并应确保不堵塞市政管道。

10.4.7 重点区域内在干燥有风时,应对施工路段不少于每隔4h进行一次洒水;必要时,用高压水枪冲洗。

10.4.8 架空线入地及合杆整治工程应加强对行道树的保护。风貌保护区范围内,沟槽开挖影响行道树树木根系的,应按绿化管理部门的意见,制定保护方案,做好树木根系保护工作。

10.5 水运工程

10.5.1 水上临时设施的设置应满足以下要求:

1 水上平台应搭设稳固。顶部铺满面板,面板与下部结构连接应牢固,悬臂板应采取有效的加固措施。

2 水上人行跳板等临时通道,宽度不宜小于60cm,板的强度和刚度应满足使用要求,板端应固定或系挂,板面应设置防滑设施。

3 水上临时平台、通道临水边应设置高度不低于1.2m的安全护栏、张挂安全网,并应设置安全警示标志和必要的救生器材。

10.5.2 施工船舶产生的污水废水、固体废物垃圾等处理应满足以下要求:

1 严禁施工船舶将污水废水、固体废物垃圾排入施工水域。

2 施工船舶污水废水应优先考虑纳入市政污水处理系统,并应满足相应的接管水质标准。当不具备条件时,施工企业应委托相关专业单位接收处理。船舶固体废物垃圾应按规定分类后处理,并制定相应的管理制度。

    3 船舶发生漏油事故时,应以物理隔离、回收为主,内河水运工程不得使用溢油分散剂。

10.5.3 疏浚抛泥应办理抛泥许可证,并由相关管理部门安装倾废记录仪,运送至指定地点抛泥。

本标准用词说明

1 为了便于在执行本标准条文时区别对待,对要求严格程度不同的用词说明如下:

1)表示很严格,非这样做不可的用词:

正面词采用"必须";

反面词采用"禁止"或"严禁"。

2)表示严格,在正常情况下均应这样做的用词:

正面词采用"应";

反面词采用"不应"或"不得"。

3)表示允许稍有选择,在条件许可时首先应这样做的用词:

正面词采用"宜";

反面词采用"不宜"。

4)表示有选择,在一定条件下可以这样做的用词,采用"可"。

2 标准中指定应按其他有关标准、规范执行时,写法为:"应符合……的规定"或"应按……执行"。

引用标准名录

1 《建设灭火器配置设计规范》GB 50140
2 《安全网》GB 5725
3 《道路交通标志和标线》GB 5768
4 《施工现场临时用电管理标准》JGJ 46
5 《建设施工现场环境与卫生标准》JGJ 146
6 《建设施工扣件式钢管脚手架安全技术规范》JGJ 130
7 《建设施工安全检查标准》JGJ 59
8 《防治城市扬尘污染技术规范》HJT 393
9 《临时性建(构)筑物应用技术规程》DGJ 08-114
10 《建设工程扬尘污染防治规范》DGJ 08-121

上海市工程建设规范

文 明 施 工 标 准

DG/TJ 08-2102-2019
J 12069-2019

条 文 说 明

2020　上海

目　次

1 总　则 …………………………………………………… 45
3 边界设置 ………………………………………………… 47
　3.1 一般规定 …………………………………………… 47
　3.2 围挡设置 …………………………………………… 47
　3.3 定型化施工路栏设置 ……………………………… 47
4 占路施工 ………………………………………………… 49
5 临街防护 ………………………………………………… 51
6 出入门及两侧设置 ……………………………………… 52
　6.1 出入门设置 ………………………………………… 52
　6.2 出入门内侧设置 …………………………………… 53
　6.3 施工铭牌和施工许可告示牌设置 ………………… 55
7 施工区域设置 …………………………………………… 58
　7.1 一般规定 …………………………………………… 58
　7.2 脚手架设置 ………………………………………… 60
　7.3 安全网设置 ………………………………………… 60
　7.4 现场消防设置 ……………………………………… 61
　7.5 智能化设置 ………………………………………… 61
8 办公区和生活区设置 …………………………………… 62
　8.1 一般规定 …………………………………………… 62
　8.2 办公区设置 ………………………………………… 62
　8.3 生活区设置 ………………………………………… 62
9 环境保护 ………………………………………………… 65
　9.3 噪声控制 …………………………………………… 65

9.4 扬尘控制 …………………………………………… 67
9.5 光污染控制 ………………………………………… 67
9.6 其他污染控制 ……………………………………… 68

Contents

1 General provisions ································· 45
3 Construction boundary setting ················· 47
   3.1 General requirement ························ 47
   3.2 Boundary enclosure setting ················ 47
   3.3 Stylized barricade setting ················· 47
4 Occupying-road construction ···················· 49
5 Street protection ································· 51
6 Entrance-exit gate and both sides setting ······ 52
   6.1 Entrance-exit gate setting ·················· 52
   6.2 Inside of entrance-exit gate setting ······· 53
   6.3 Construction nameplate and permit board setting
       ·· 55
7 Construction area setting ························ 58
   7.1 General requirement ························ 58
   7.2 Scaffold setting ······························ 60
   7.3 Safety net setting ··························· 60
   7.4 Fire protection arrangement of field construction
       ·· 61
   7.5 Intelligent setting ··························· 61
8 Office and living area setting ··················· 62
   8.1 General requirement ························ 62
   8.2 Office area setting ·························· 62
   8.3 Living area setting ························· 62

9 Environmental protection ·· 65
   9.3 Noise abatement ··· 65
   9.4 Fugitive dust controlling ······································· 67
   9.5 Light pollution controlling ···································· 67
   9.6 Other pollution controlling ···································· 68

1 总 则

1.0.1 建设工程参建各方在施工活动中,应贯彻党的十九大精神,落实习近平总书记视察上海的重要指示,以强化上海城市精细化管理、改善市民生活环境为目标,补齐城市管理短板,维护城市环境,对标最高标准、最好水平,提升和完善上海市文明施工标准,履行工程建设过程中的安全文明责任与义务,不断满足人们对美好生活的追求,建设美丽、和谐的国际大都市。本标准提升依据《上海市人民政府关于修改建设工程文明施工管理规定》(2019第23号令)、《上海市建设工程文明施工标准》(沪建交〔2010〕1032号)、房管局《上海市住宅修缮工程示范工地标准化图文集》(2015年)、交通委《上海市文明工地(交通类)创建管理办法(试行)》(2017年)、水务局《上海市水务建设工程文明工地创建管理办法》(2017年)、绿化市容局《上海市园林绿化工程文明工地创建评选实施细则》(2017年)、住建委《架空线入地和合杆整治全要素技术规定》(2019年)、住建委《房屋建设工程文明施工提升标准》(2019年)。为了进一步推进上海市文明施工,本标准集各家之长,旨在"决胜全面建成小康社会,夺取新时代中国特色社会主义伟大胜利"的征程中,促进建设工地更亮丽、更文明、更安全。

1.0.2 本标准适用的建设工程,按照管理职责分工,可分为房屋建筑工程、市政工程、交通建设工程、水务建设工程、园林绿化工程、养护工程、装饰修缮工程、拆除工程、架空线入地及合杆整治工程等。

1.0.3 文明施工是建设企业的社会责任。应坚持"各履其职、各尽所能"的宗旨,应当围绕以建设行业、企业、施工现场、班组各层面安全管理为主的"管理标准化"、以建设施工现场人员安全行为为主的"人的标准化"、以建设施工现场实物状态为主的"物的标准化"的内容全面开展,使文明施工体系更完整、文明管理职责更清晰、文明操作程序更完备、文明施工实施更简便。

1.0.9 施工现场应对公共卫生突发事件的防控体系包括:

1 在公共卫生突发事件应急响应阶段,施工现场入口设立健康观察点,对所有进场人员实施体温检测和信息登记,同时做好疫情的报告和统计工作,做到不瞒报、不迟报、不漏报。

2 在公共卫生突发事件一级或二级响应阶段,施工现场严格实施全封闭管理,并只开放一个进、出口。施工现场、办公区、生活区24h单独设置门岗,建立进出场登记和健康观察制度,并对施工现场外地来沪人员进行医学隔离观察和疫情防控管理。

3 日常做好对职工的卫生健康教育和疾病预防、疫情防控的知识宣传,在公共卫生突发事件发生时,对传染病做到早发现、早报告、早隔离、早治疗,切断传播途径,防止扩散。

4 配置与工程规模相适应的疾病预防、卫生消毒器材和应急设施,并落实消毒隔离制度,定期对施工现场、办公区、生活区及其他人员活动密集场所开展预防性消毒。

3 边界设置

3.1 一般规定

3.1.1 依据现行行业标准《建筑施工现场环境与卫生标准》JGJ 146第2.0.2条的规定,为维护建设工程的文明施工良好形象,确保施工现场边界不对社会车辆和行人造成意外伤害,必须设封闭围挡。

3.1.2 城市道路等施工占地狭长的工程,因施工工艺要求、环境复杂或其他原因不能设置围挡时,应设置标准、统一的连续定型化施工路栏。

3.1.3 为了节约资源,对原有砌筑围墙就地利用的同时,保持整体环境的协调性。

3.2 围挡设置

3.2.1 对围挡材料作了说明:一是,使用轻型硬质材料,满足硬度和耐燃性要求;二是,满足可周转、可拆卸、可重复使用的功能。依据绿色节能的要求,禁止采用非绿色建材黏土类砖块材料。

3.2.5 在围挡顶部设置硬质广告牌、标识标牌等均存在高空坠物的风险。

3.3 定型化施工路栏设置

3.3.2 定型化施工路栏分为长度为1.8m的平直式、长度为1.8m的对称折叠式和长度为0.9m的平直式三种类型,其高度均为1.2m。平直式施工路栏如图1所示。

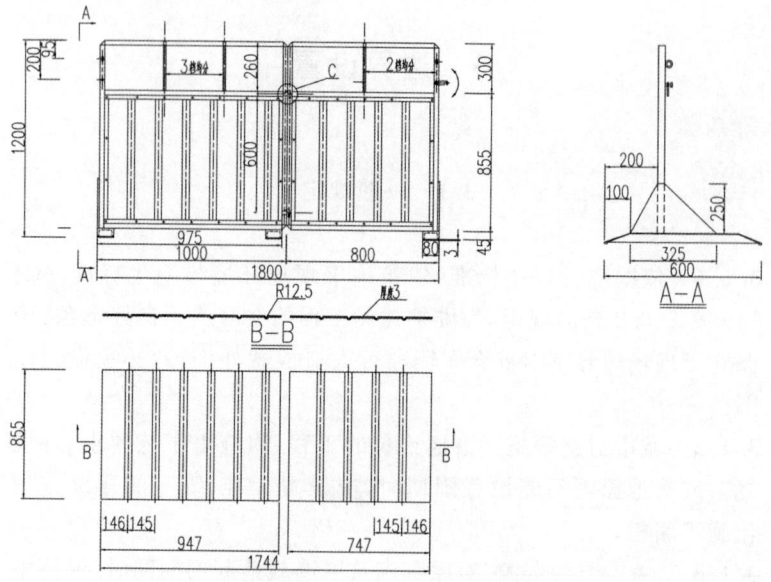

图1 平直式施工路栏(单位:mm)

4 占路施工

4.0.1 本条规定主要依据《城市道路人行道设施设置技术要求》《上海市城市道路管理条例》及现行国家标准《道路交通标志和标线》GB 5768。

4.0.10 在道路上开挖沟坑或管线沟槽,当日不能修复而采用钢板覆盖保障道路安全通行的,应采用以下三种选择方式:一是钢板嵌入地面与路面保持平整;二是现场制作沥青平缓斜坡(坡长不应小于0.3m);三是现场拼装可再利用的预制坡架(坡长不应小于0.3m)。具体如图2所示。

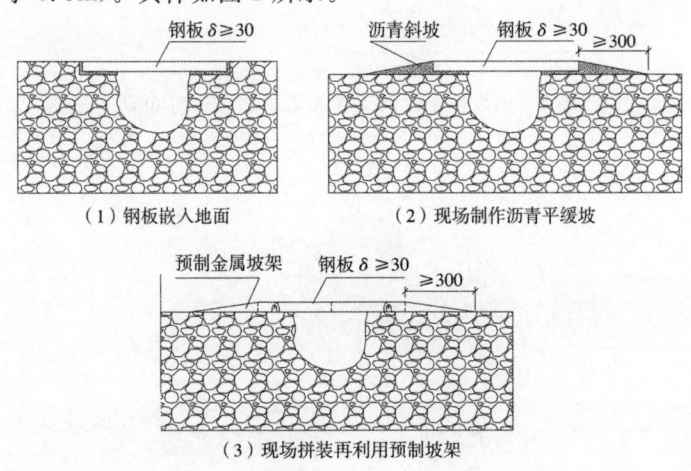

图 2 三种覆平法施工示意(单位:mm)

沟槽(坑)开挖宽度大于0.8m时,覆盖钢板下端应采用金属型材作支撑加固,如图3所示。凸出窨井盖应用斜坡铺筑,如图4所示。

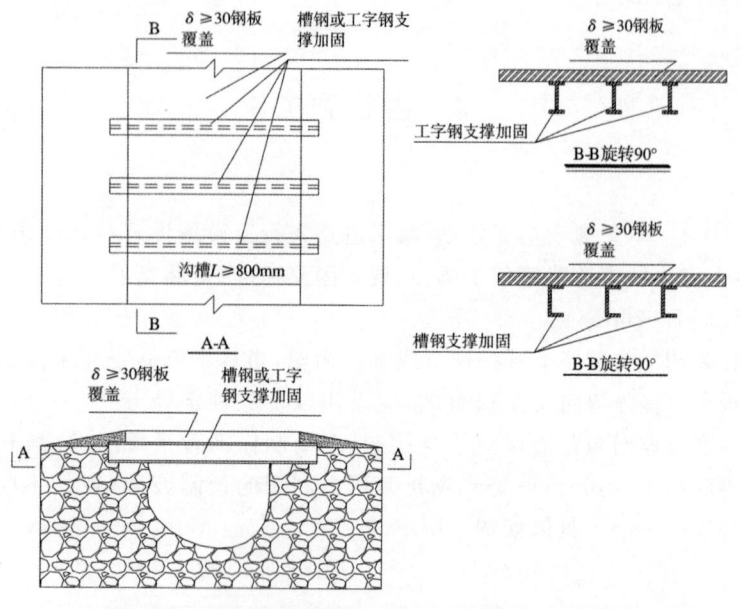

图3 钢板覆平金属支撑施工示意(单位:mm)

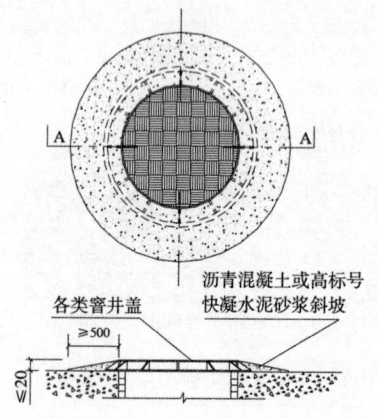

图4 凸出窨井盖周边斜坡铺筑尺寸要求(单位:mm)

5 临街防护

5.0.1 平衡臂、起重臂的防护棚架搭设应按现行国家标准《塔式起重机》GB/T 5031－2008实施。处于塔机起重臂回转范围之内的通道，顶部应搭设防护棚，或通道在作业时有禁入措施(《建筑施工高处作业安全技术规范》JGJ 80－2016第7.0.3条)。

防护棚的顶棚使用竹芭或胶合板搭设时，应采用双层搭设，间距不应小于700mm；当使用木板且建筑物高度不大于24m时，可采用单层搭设，木板厚度不应小于50mm，或可采用与木板等强度的其他材料搭设防护棚；当建筑物高度大于24m并采用木板搭设时，应搭设双层防护棚，两层防护棚的间距不应小于700mm(《建筑施工高处作业安全技术规范》JGJ 80－2016第7.0.5、7.0.6条)。

6 出入门及两侧设置

6.1 出入门设置

6.1.1 使用围挡的工地的出入门采用平移或向内开启方式,其设置如图 5、图 6 所示。

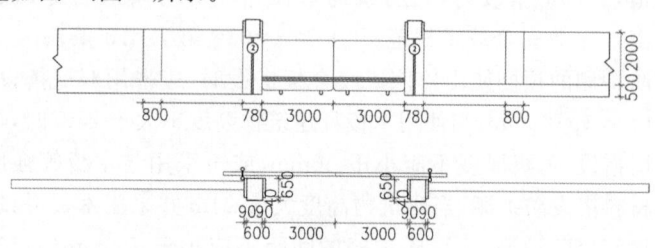

图 5 主门设置(单位:mm)

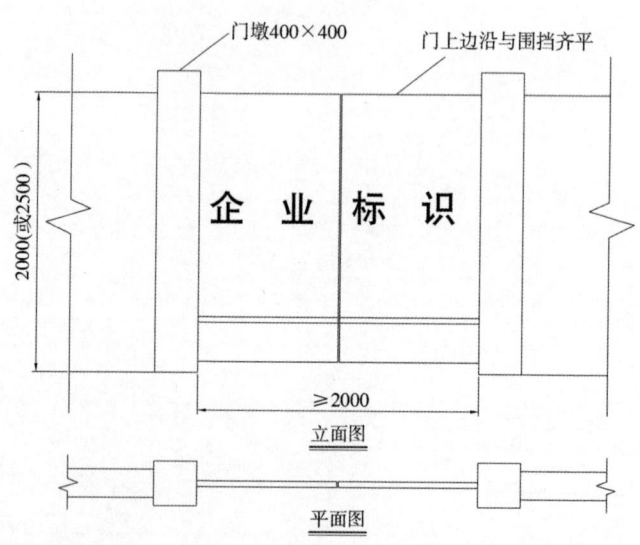

图 6 副门设置(单位:mm)

6.1.2 出入门外侧的大门应署明具有企业特色的单位名称及标识,如图 7 所示(立面图、平面图)。

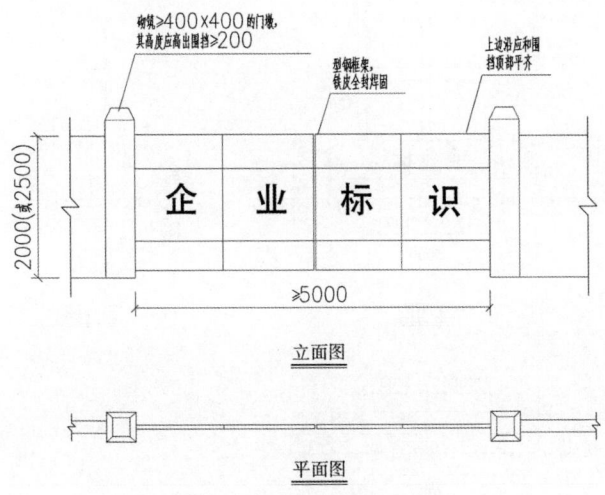

图 7 出入大门企业标识设置(单位:mm)

6.2 出入门内侧设置

6.2.3 旗杆设置如图 8 所示。
6.2.4 本条依据《建筑施工安全检查标准》第 3 条第 8 项第 1 款规定而制定。"五牌一图"设置如图 9 所示。

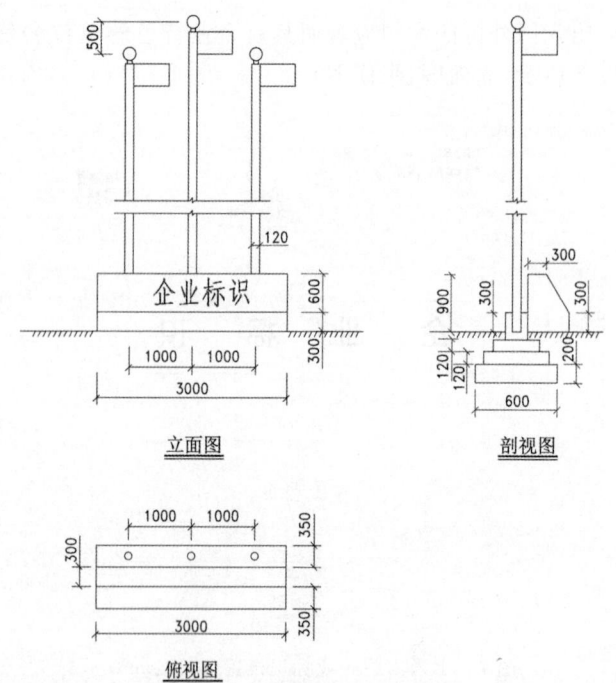

图 8 旗杆设置（单位：mm）

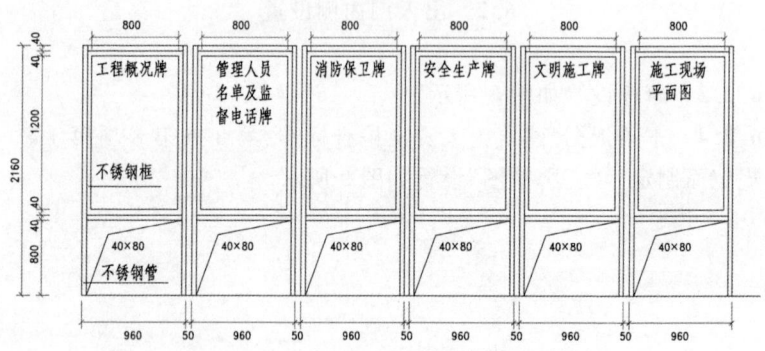

图 9 "五牌一图"设置（单位：mm）

6.3 施工铭牌和施工许可告示牌设置

6.3.1 施工铭牌可分为固定式和移动式。

1 设置围挡的工地,铭牌设置形式应是固定式,如图 10 所示。

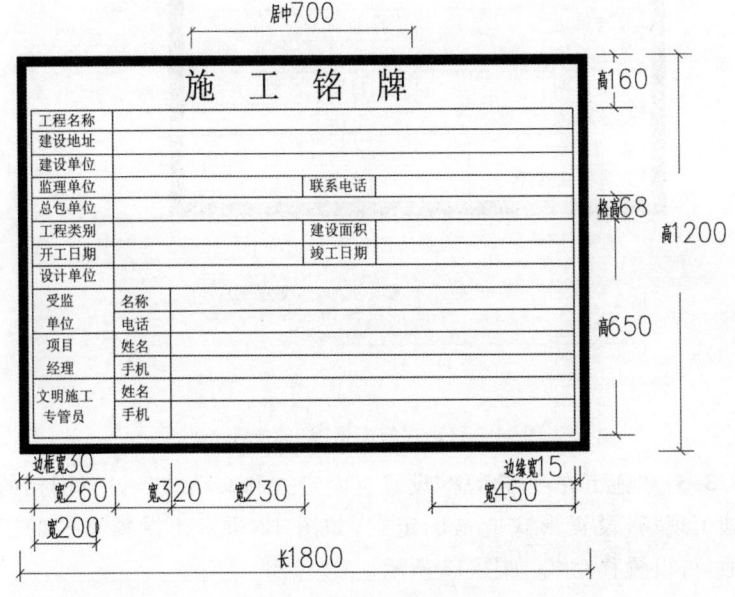

图 10 固定式施工铭牌(单位:mm)

2 设置路栏的工地,可设置移动式的施工铭牌,如图 11 所示。

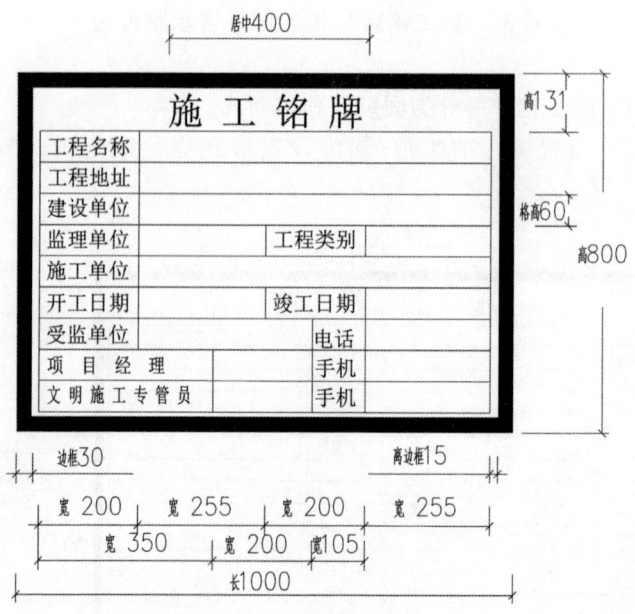

图 11 移动式施工铭牌(单位:mm)

6.3.3 "施工许可告示牌"设置有固定式和移动式。设置围挡的施工现场,设置形式应是固定式,如图 12 所示。设置路栏的工地,可设置移动式,如图 13 所示。

图 12 固定式施工许可告示牌设置(单位:mm)

图 13 移动式施工许可告示牌设置(单位:mm)

7 施工区域设置

7.1 一般规定

7.1.5 施工现场三级沉淀池设置如图14所示。

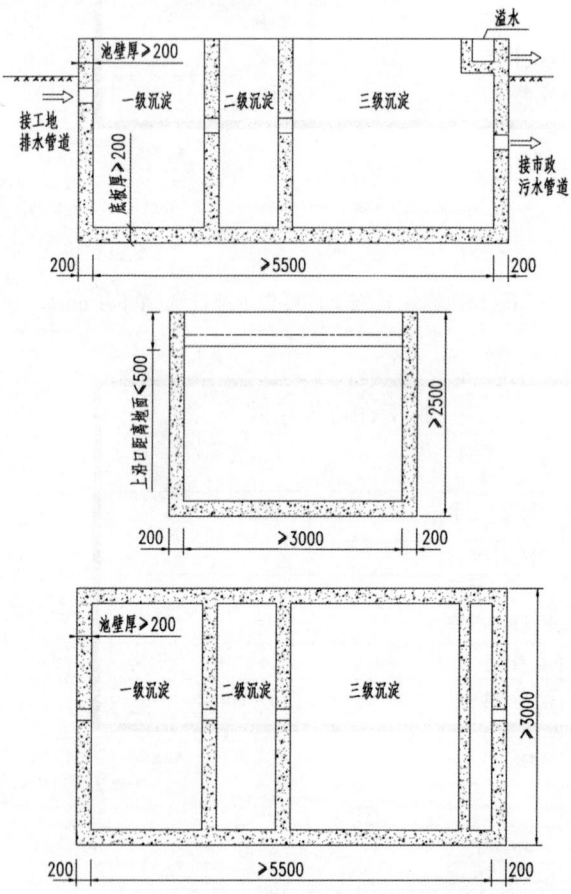

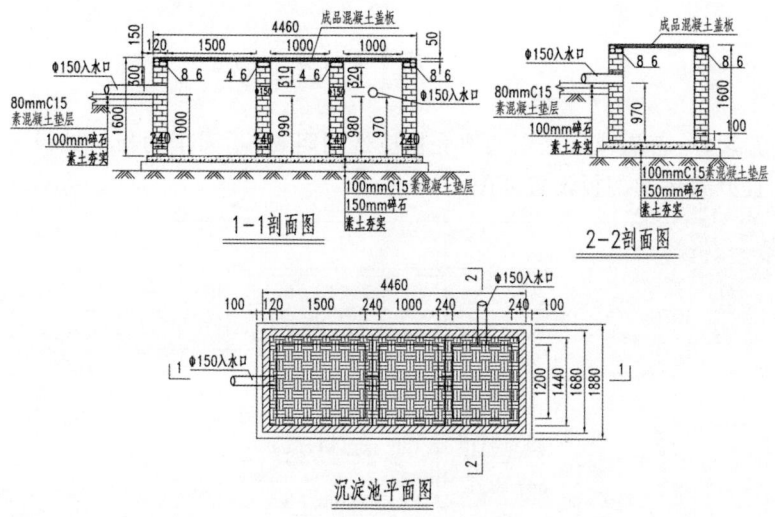

图 14 施工现场三级沉淀池设置(单位:mm)

7.1.6 重点区域内施工现场的沉淀池,应安装循环水利用动力装置,沉淀池接入管道设置如图 15 所示。

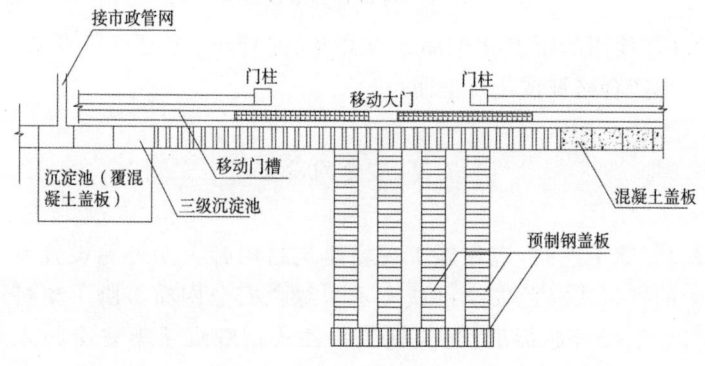

图 15 沉淀池接入管道设置

7.2 脚手架设置

7.2.5 首层或最底层通道底板应选用阻燃、不漏尘的板材铺设。提升架体的翻板设置如图16所示。

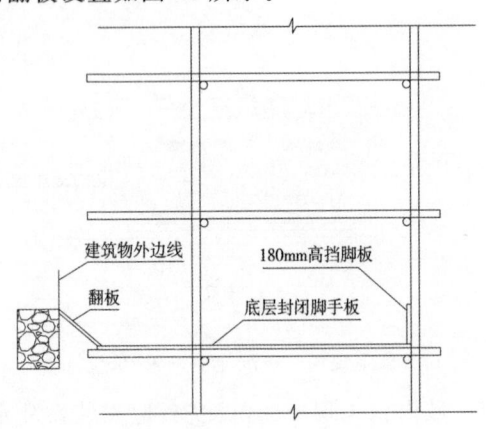

图 16 可折叠翻板设置

7.2.6 使用的定型化产品或登高车、屈臂车、剪刀车等设备,应具有生产合格证或出厂证明。

7.3 安全网设置

7.3.1 施工期间,应在施工现场建筑结构脚手架外侧设置有效抑尘的密目式绿色安全网或不透尘绿色安全网布。脚手架搭设应符合现行行业标准《建筑施工扣件式钢管脚手架安全技术规范》JGJ 130 的规定,安全网布应符合现行国家标准《安全网》GB 5725 的规定,光反射性应符合现行国家标准《公共场所照度测定方法》GB/T 18204.21 等的规定。

7.3.2 施工现场密目式安全网设置按照现行行业标准《建筑施

工安全检查标准》JGJ 59 实施,所采用规格为 2000 目/100cm² 的密目式安全网。

7.4 现场消防设置

7.4.5 施工现场危险物品仓库设置如图 17 所示。

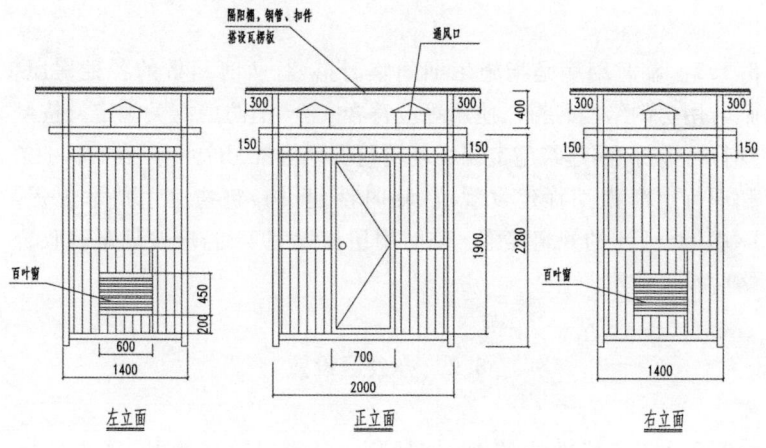

图 17 施工现场危险品仓库设置(单位:mm)

7.5 智能化设置

7.5.5 施工单位和项目部可运用 BIM、互联网、公共平台、智慧平台、"云监控"、手机 APP、二维码公众号等移动信息技术,实施场容布局、脚手架和模板等设置、危险作业预测预控、培训教育、安全交底等安全及质量管理。

8 办公区和生活区设置

8.1 一般规定

8.1.2 临时用房是指施工期间临时搭建、暂时租赁的各种房屋。临时用房的结构、搭设、使用等应符合安全、消防的有关规定。按照现行行业标准《建筑施工现场环境与卫生标准》JGJ 146 第 2.0.4 条和现行上海市工程建设规范《临时性建(构)筑物应用技术规程》DGJ 08－114 的规定实施。临时用房搭设完工后,应按规定验收合格后投入使用。

8.2 办公区设置

8.2.5 法定传染病是指:非典型性肺炎、鼠疫、霍乱、病毒性肝炎、细菌性和阿米巴性痢疾、伤寒和副伤寒、艾滋病、淋病、梅毒、脊髓灰质炎、麻疹、百日咳、白喉、流行性脑脊髓膜炎、猩红热、流行性出血热、狂犬病、钩端螺旋体病、布鲁氏菌病、炭疽、流行性和地方性斑疹伤寒、流行性乙型脑炎、黑热病、疟疾、登革热、肺结核、血吸虫病、包虫病、麻风病、流行性感冒、流行性腮腺炎、风疹、新生儿破伤风、急性出血性结膜炎、感染性腹泻病等。本条参考现行行业标准《建筑施工现场环境与卫生标准》JGJ 146 第 4.2.8 条编制。

8.3 生活区设置

8.3.4 食堂隔油池是指食堂在生活用水排入市政管道前设置的

阻挡废弃油污进入市政管道的池子,并能及时清理。生活区隔油池设置如图18所示。

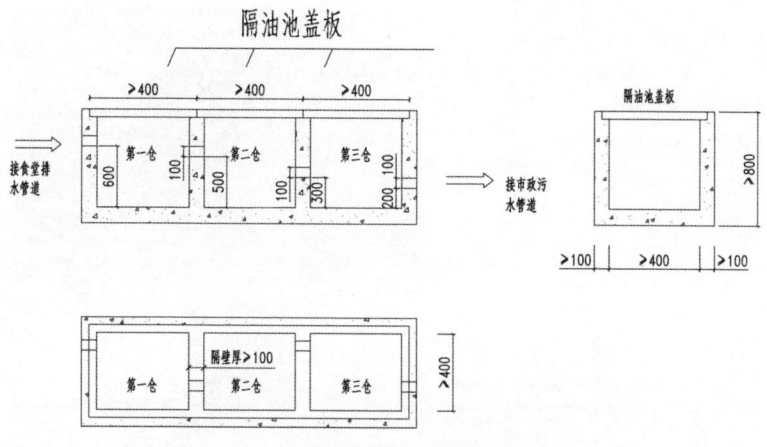

图18 生活区隔油池设置(单位:mm)

8.3.8 住宿人员一览表设置如图19所示。

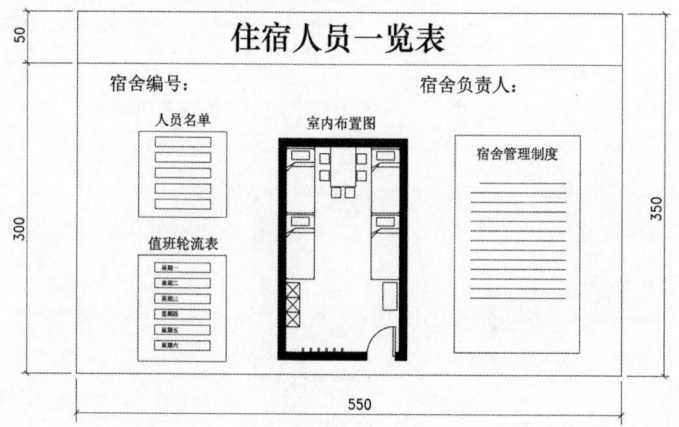

图19 住宿人员一览表设置

8.3.9 本条规定是为了保障淋浴人员有较为宽敞的淋浴、更衣空间和良好的淋浴环境,防止对淋浴人员造成意外伤害。

9 环境保护

9.3 噪声控制

9.3.1 施工现场隔声屏障设置如图 20 所示。

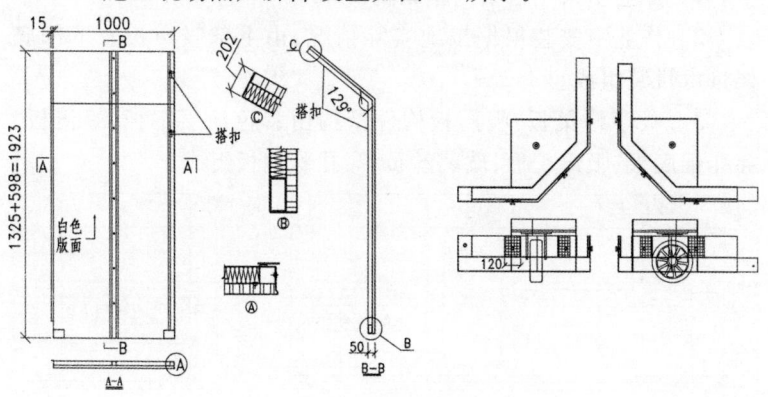

图 20 施工现场隔声屏障设置(单位:mm)

9.3.2 夜间施工指在晚 22 时至次晨 6 时内的施工活动。

9.3.4 高考中考期间指国家公布的高考、中考考试日期前 5d 和考试日的总和天数。

9.3.7 在重点区域内禁止进行易产生高噪声和大量扬尘,会对城市环境造成污染的加工作业,应在重点区域外的后方基地内实施。

9.3.10 重点区域内道路整修或道路管线工程在硬质路面上开挖沟(槽、坑)破损路面时,施工单位应执行移动式覆罩法施工方式(图 21)。覆罩法施工方式是指将各类路面破损机械置于内操作,为施工作业的场地提供一个相对封闭的空间,"降噪防尘移动作业室"采用具有降噪隔音功能的隔音板,作业室采用插接式的安装方式,装配、运输便捷,模块化组合以及单元之间的组合加长功能,满足各种使用施工场地的需要。施工作业环境应通风透气,作业室内应配备喷淋装置。

覆罩法施工主要是为了阻挡噪声和粉尘外泄,实施覆罩法所发生的措施费用,均应纳入"文明施工措施费"清单,实行专款专用。

降噪移动作业室设计说明:

1 作业室采用框架式钢结构。

2 作业室安装根据工地实际情况,由上部吸声板及下部底架自由拼装组成。

3 吸声蜂巢板:吸声板构件结构由彩色涂层铝板、蜂巢板、穿孔铝底板、吸声矿棉、玻璃丝布、穿孔彩钢板组成。

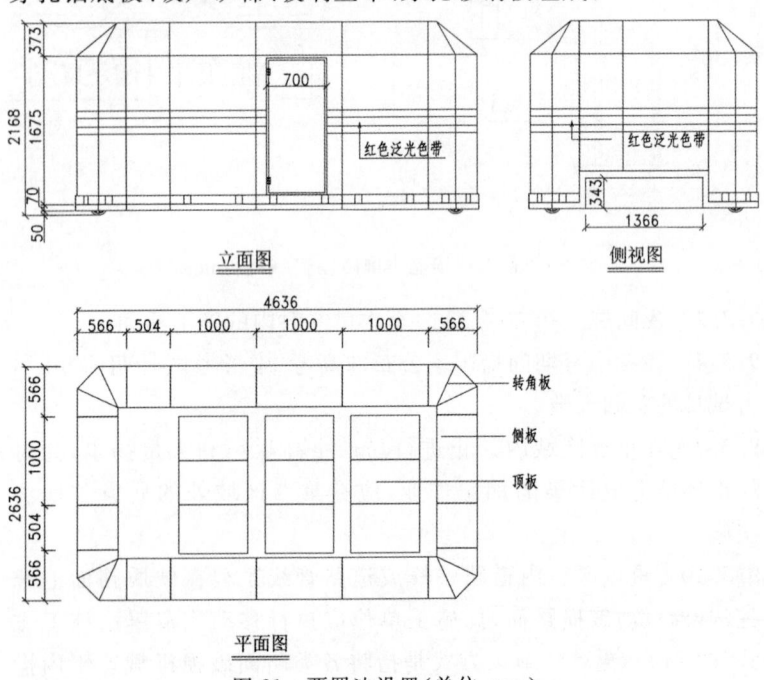

图 21　覆罩法设置(单位:mm)

9.4 扬尘控制

9.4.4 依照《上海市扬尘污染防治管理办法》和《上海市建设工程文明施工管理规定》的相关条款,禁止易扬性材料露天堆放和敞开式加工作业。现场预制砂浆搅拌场所、现场使用筒仓等易扬材料的场所应实施封闭作业。

9.4.5 《上海市扬尘污染防治管理办法》第十一条规定:"人工拆除房屋时,实行洒水或者喷淋可能导致房屋结构疏松而危及施工人员安全的除外。"人工拆除应采取比较严密的封闭围挡措施,防止粉尘污染物的外泄,应就近设置移动式抑尘装置。

9.5 光污染控制

9.5.1 根据现行国家标准《建设工程施工现场供用电安全规范》GB 50194第7.0.2条的有关规定,禁止施工现场夜间照明灯光、电焊弧光直射敏感建筑物。因施工设施设备遮挡路灯照明时,应在受影响的一侧增设照明灯。

9.5.4 施工现场照明灯架设置如图22所示。

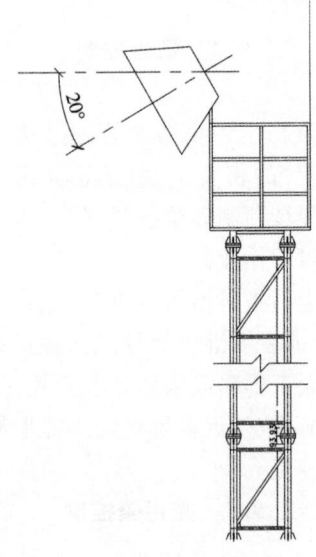

图 22 施工现场照明灯架设置

9.6 其他污染控制

9.6.1 强腐蚀性清洗液指硝或酸化学成分含量占清洗液体总容量不小于3‰的清洗液。

9.6.3 依据现行行业标准《建筑施工现场环境与卫生标准》JGJ 146第3.2.2条的相关规定,施工现场应设置废油、油污废弃物收集处,统一回收。施工现场存放的油料和化学溶剂等物品应设有专门的库房,地面应做防渗漏处理。废弃的油料和化学溶剂应集中处理,不得随意倾倒。